心があったかくなる犬と飼い主の8つの物語

ドッグライフカウンセラー
三浦健太（原作）
中野きゆ美（漫画）

アスコム

はじめに

犬と飼い主は強いきずなで結ばれています。そして、多くの飼い主は、愛犬を家族の一員と考えています。家族として犬をどう育てるか、それが飼い主の課題なのです。

「犬のしつけ」方は1種類ではありません。愛犬の個性を観察し、見極め、自分の家族としてどういうふうに育てるのかが大切になります。ですが、ほとんどの飼い主さんは「愛犬は家族」と考えてはいても、家族として犬を育てるすべを知らないのです。

実際に飼い主さんとお話ししていると、愛情はたっぷり注いでいるのに、愛犬の利き手さえ知らない飼い主さんをしば

しば見かけます。「愛情」があれば知らないはずがないことも、愛犬のこととなると気づかずにいることが多いのですね。

愛犬と心を繋（つな）げて、本当の家族になろうとするのであれば、まずは愛犬をしっかり観察することからはじめましょう。そして、愛犬の心を理解（りかい）してあげましょう。

本書には、私がこれまで出会った飼い主さんとその愛犬の思い出がたくさん詰（つ）まっています。

愛犬と一緒（いっしょ）に幸せに暮（く）らしたいと願い、目の前で起きている問題を解決（かいけつ）したいと悩（なや）み、相談に来る飼い主さんの中には、実はもう既（すで）に愛犬との幸せを手にしているのに、それに気がついていない方が多いように思います。

あなたもぜひ、犬を感じてみてください。

きっとそこにある幸せに気づくはずです。

はじめに……002

第1話
ボブ～おじいさんの犬……007
COLUMN……030

第2話
チャンプ～蚤の心臓……031
COLUMN……054

第3話
名無しの犬～強い絆……055
COLUMN……070

第4話
ミッキー～汚名を晴らした犬……071
COLUMN……088

第5話 丈太郎 ～脱走癖のある犬……089
COLUMN……110
第6話 ラブ ～犬と歩けば……111
COLUMN……128
第7話 チビ ～本当の気持ち……129
COLUMN……146
第8話 迷い犬 ～母の祈り……147
COLUMN……164
NPO法人ワンワンパーティクラブ活動情報……165
おわりに……166

※登場人物、犬の名前は仮名です。また、地名等は変更しております。
※本書は、2013年8月に弊社より刊行された『コミックエッセイ 犬が教えてくれたこと』を改題し、再編集したものです。

ボブ～おじいさんの犬

縁側でのおしゃべりが大好きだったよ。
もっと一緒にいたかったけど……。
僕を置いていかないで……。

『犬のこころ　犬のカウンセラーが出会った11の感動実話』
（三浦健太著　角川書店刊）より

高崎家は
2世帯住宅です
その頃は
1階には
おじいちゃん
2階には
息子夫婦である
両親と
孫娘の私とで
住んでいました――
……
おじいちゃん
それ…
どうした
の!?
キュ〜ン
ある日の
ことです――
わしが
飼うんだ!
キュ〜
キュ〜
おじいちゃんが
おばあちゃん
亡き後……
ワゥ〜ン
家族に選んだのは
ゴールデン・
レトリバーの
子犬でした――
ムク
ムク
コロ
コロ…

お義父さん ムリですよッ
今は小さくても大型犬でしょ？
世話が大変ですよ！
そうだよ父さん
明日にでもペットショップに返してこいよ
わしが一人で面倒を見る！
誰にも迷惑はかけんよ！
…… ……
ばあさん…
ボブだぞ
今日からウチの子になったぞ

仲良く
やろうな
ボブ！
…おじいちゃん
やっぱり
寂しいのかな
……？
一人で
……
…そう
ねぇ…

Dog food
ばっ
こら
こら…
これは
わしの
だっ
宣言どおり
おじいちゃんは
一人で
世話としつけを
続けて…

ボブは元気に育っていきました——
おさんぽ♥
あッボブ!?
何食べている!?
ふんふん…
何か困ることがありそうな時は
いいかボブ?
おじいちゃんは時間をかけてボブに頼むように言って聞かせていました——
今日みたいな拾い喰いはしないでくれ
とても危険なことなんだよ…
ボブが病気にでもなったら…
頼むからわしを悲しませるようなことはしないでおくれ…
じっ……

あれ？
おじいちゃんさっきからずっとボブに話し続けてる……
ガチャ
くどくど
この時は3時間も話して聞かせたようで…
プイッ
その後ボブが拾い喰いをすることはありませんでした
よしよしいい子だ♪

お早うございます
これから散歩ですか？
ああお早う！
今日もいい天気だな～
ハッ
ハッ
ハッ
♪～

ねぇ…お義父さん
ボブが来てから明るくなったと思わない？
——だなぁ…
散歩も運動になるし…
飼って良かったわねぇ…
…まだばあさんが生きとった頃
犬を飼いたいと言い出したことがあってなぁ…
午後は縁側でボブを相手に
あの時許してやってれば良かったなぁ…
亡き妻おばあちゃんの思い出を語るのが
おじいちゃんの日課でした——

おい
ポン
聞いてるか
ボブ？
しかし
おじいちゃんと
ボブとの
至福のひとときは
長くは
続きませんでした――

――ボブが
ウチに
来てから
もうすぐ
3年か…
早いもん
だなぁ…
いつも
話し相手に
なってくれて
ありが
……

ガタッ
ビクッ
!!
ワーン
ワーン
ワン
ワッ
ワンワン
ワンワン
ワオーン
ピ〜ポ〜ピ〜ポ〜
ピ〜ポ〜ピ〜ポ〜
おじいちゃんは
急性(きゅうせい)の心不全(しんふぜん)
心筋梗塞(しんきんこうそく)でした——

ポツン…
ワウーーン…

ボブご飯だよ
ク〜〜ン
ガラッ
ごめんねおじいちゃんじゃなくて……
バクバク
ペロン
ク〜ン？
クゥ〜〜ン
ボブ……おじいちゃんもういないんだよ…
ク〜ン
ク〜ン

ボブは庭につながれたままで…
昼間は縁側の上で過ごし…
夜は縁側の下で寝ました——
一度だけ母が散歩に連れ出しましたが…
わわわッ
ぐいっ ぐいっ
だーーッ
あッ
ビタンッ
痛ーッ
あれ？
ものの1分で終了——
可哀相ですが散歩もなしでした——
あんな大きな犬私にはムリよッ
オレも仕事で忙しいしなぁ
最初の事件が起きたのは半年後のことです——

おじいちゃんの1階を改築しようと業者の人に来てもらっていた時のことでした
ウー
ウ…ウ～！ッ
…っと
すみません犬どかしてもらえますか？
ボブそこジャマだって
ぐいっ
どいてね
ガブ
!!!
きゃーーッッ

私は8針も縫うケガで…
うえっ〜ん!!
大人しい犬だと思ってたのに…
ウウウ〜〜ッ
ボブのほうは咬んだ後も縁側から離れようとしませんでした
その事件があってから誰が近づいても怒るようになり…
ウ〜〜ッ
ス〜
家の改修計画も中断——
……
とおまき…
やっぱりこのままじゃ…マズイよな…
そうね…
ギロ
どうしたら犬と仲良くなれるのか——
どさっ
犬のしつけ
大型犬
我が家の犬勉強が始まりました

訓練士さんに話を聞く
How to本を読む
ボブとの距離も徐々に近づき…
大丈夫大丈夫…
そ〜っ
その甲斐あって——
マテ…
オスワリ…
半年後には散歩にも連れて行けるようになりました——
そんな“もう大丈夫”と思っていた矢先
次の事件が起こったのです——

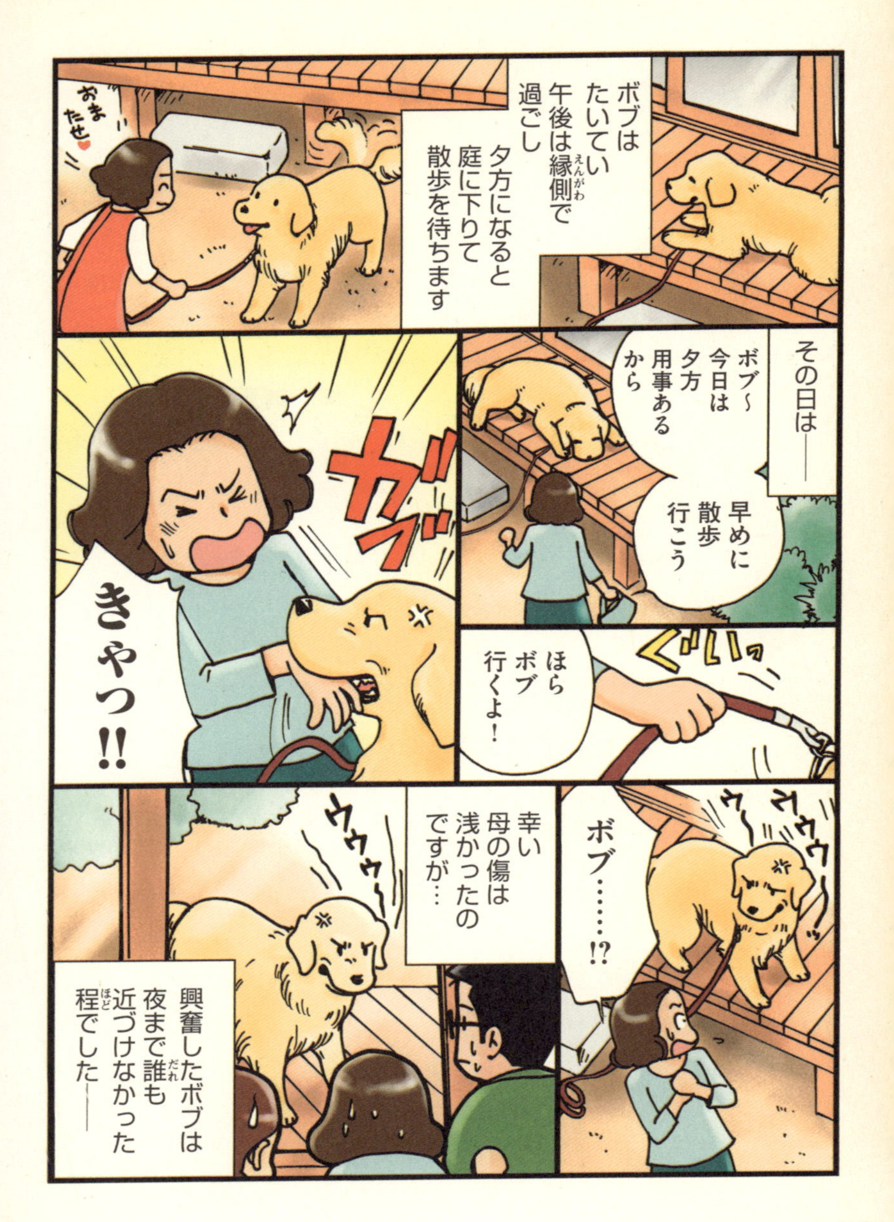
ボブはたいてい午後は縁側で過ごし
夕方になると庭に下りて散歩を待ちます
おまたせ♥
その日は――
ボブ〜今日は夕方用事あるから
早めに散歩行こう
ほらボブ行くよ！
ぐいいっ
ガブッ
きゃっ!!
ボブ……!?
ウ〜
ウウウ〜
幸い母の傷は浅かったのですが…
ウウウ〜
興奮したボブは夜まで誰も近づけなかった程でした――

困りはてた私たちは…
全国で犬のしつけ教室を開催している
三浦さんに相談にのってもらうことにしました――
――ご事情はわかりました
ボブを手放すことは考えていません…
今ではもう私たちにも大切な家族ですから
ただたまに咬むことをやめさせたいだけなんです……
では今日一日
私がボブと過ごしてみますね
ボブ～よろしくな～

マテ
よし!
?
ご飯も散歩もあまり楽しそうな顔じゃないな?
ドカッ
……

あ…
そうか…
おまえ もしかして…

――どうやら ボブは…
思い出に ひたっている時が 一番幸せな ようですね
ええッ!?

ボブには
おじいさんが
亡くなったことも
家の改築のことも
わからないけど…
あの縁側で
おじいさんと
過ごした時間は
今でも
ボブの中で
幸せな記憶として
残っているんじゃ
ないでしょうか…
あ…
ぐいっ
ボブ
そこ
ジャマ
だって
ほら
ボブ
行くよ！
ぐいいっ
ああ…
それで
あんなに
縁側から
離れたがら
なかったのか…
私たち…
ボブが
どうして
咬んだか
なんて…
ちっとも
考えて
なかった…
そう言えば
いつも
何時間でも
縁側に
寝そべって
たわね…

どうかボブのその大切な思い出の場所を
残してあげられないでしょうか？
ごめん…
ごめんねぇボブ…
ポロポロ…
ボブの心を感じてあげられなくてごめんねぇ…
おじいちゃんのこと…
そんなに大切に思ってくれてたんだね……
ありがとうボブ…

きっと
おじいちゃんも
喜んでいる
よね…
ぐすっ

ボブは
9歳まで
生きました――
その間
我が家は
増改築
しましたが
縁側だけは
そのまま
残しました
その後のボブは
家族を咬むことは
なかったし…
家族もボブが
縁側にいる時は
そっとして
あげました
その習慣は
死ぬ前日まで
かかすことは
なかったのです

ボブ……
天国で
おじいちゃんと
会えたのかな
……？
そうね…
笑ってる
みたいね…
安らかな
死に顔
でした——
大好きな
おじいちゃんと
3年——
おじいちゃんとの
思い出と
6年間——
幸せな
ボブの一生
でした——

COLUMN

私たちは、一生のなかで
どれだけ大事な思い出を作れるのでしょうか。

愛する人がいなくなった後も、
抱きつづけられる思い出はそう多くは作れません。

本当の良き思い出は、大きなイベントや
記念の行事ではなく、日常の何気ない暮らしの中に
潜んでいるのではないかと思います。

後から思い出す幸せな日々の多くは、
きっと普段の生活の1シーンであったような気がします。

おじいさんの犬は、立場は逆ですが、
普通の暮らしの中での普通の幸せの大切さを、
私たちに感じさせてくれました。

犬は記憶の動物と言われます。
人間と比べ、命の短い犬たちにとって、
あなたの一挙一動が、大切な記憶として
刻まれているのかもしれません。

チャンプ～蚤の心臓

小さな音にもびっくりしちゃって、
いつもびくびくしちゃっていたね。
臆病な僕でごめんね。

キュ〜
キュ〜
ぽつん
ぼー
ガッ
びくん
じっ
私 この子にします♡
スリスリ
びくびくっ
私がチャンプと出会ったのは3年前——
犬の交流会の幹事をしている浜村さんから紹介されたブリーダーさんの家でした

大型犬の飼い方
シベリアンハスキー
かわいいわねえ♡
大型犬はきちんとしつけないと
後が面倒になるぞ
散歩も大変だしな
ほ〜
カッ
大型犬の飼い方
ガバッ
びくッ
カタン
将来の大型犬にしては臆病さんね〜
……
おいおい大丈夫か…
あはは…
フフフ…

私たちは健康で強い子に育ってほしいと
〝チャンプ〟と名づけました
チャンプは抱っこは嫌がるくせに
常に身体の一部を預けてくるのでした
待て！
びくっ
よしッ！
びくん
もお～お父さんったら～

声が
大きいから
チャンプが
びっくりする
じゃない
毅然とした
態度を取るのは
この子のためだっ！
びくびく
ブォ〜ッ
ササッ
チャンプ…
怖くない
からね…
こんにちはー
ビクッ
おジャマします
ガチャッ
びゅん

……
あら～？
ごめんなさい
ねえ～
せっかく
犬を見に
来てくれたのに
小心者で…
ほら
チャンプ
出てらっしゃい
ズルズル
あッ
タッ
チャンプ～
お客さまに
ごあいさつ
しないと～
親は
言葉を話さない
赤ン坊を注意深く
観察します
ほら
おやつ
クンクン
！
ガシィ
かっわいい～♡
きゃ～
ぎゅっ
ぎゅう～
私たちは
チャンプが
かわいいばかりで
彼の本来の性格を
理解しようと
しなかったのです

1年後――
チャンプは体重25kgの立派なシベリアン・ハスキーに成長しました――
お座り！
びくっ
ふせッ！
びくっ
犬の交流会
ええいおまえは〜ッ
図体ばかりデカいくせに何を怖がっとるッ
アンアン…
びくびくっ
情けないっ

その頃の私は
仕事が忙しく
夜遅い帰宅が
続く日々でした――
ただいまー
つっかれ
たあ～
♪
ハッ
ハッ
トンットンッ
ふ～～っ
ばたーん
びくッ
…もお？
いちいち
反応しない
でよう
私だって
いろいろ
あるんだ
から……
……
プイッ
ク～～ン…

グーグー
……
そろそろチャンプに犬小屋を作ってやろうと思ってるんだが……
はい
ぐーぐー
…いいんじゃない
私もたまには一人になりたいし…
もぐもぐ
小心者のチャンプにとって…
せっせっ
物音がする外で暮らすのは苦痛だったと思いますが…
仕事のトラブルで頭が一杯だった私には…
チャンプの心を思いやる余裕がありませんでした――
く〜〜ん

チャンプ
朝ごはんよー
ごめんごめん…
時間ないのよー
ハッ
ハッ
クーン…
タタタッ…
チャンプの散歩や世話はもっぱら父の係になっていたのでした―
チャンプっ
お座り！
こらっ
そんなある日の日曜日―
久しぶりに私と散歩に出ることができた時のこと―
ハッ
ハッ
ハッ

立派なハスキーですね〜
お手
スッ
ビクッ
ガウッ
チャンプ
!!
グイッ
うわッ
間一髪!!
ぐぐーーッ
すっすみません
大丈夫でしたか?
咬んだりする犬じゃないんですけど…
ええ…
びっくりした〜
いえ…こっちこそ…急に手を出したから…

もうッ
何てこと
するのッ
ドドドシッ
バシッ
ダメじゃない
チャンプッ
クウ～ン
チャンプが取った
行動の真意を
考えるよりも…
バカッ
バカッ
ただただ
チャンプが
情けなくて
仕方なかったの
です――
その事件が
あってから――
なにッ!?
それは
大変だッ

私たちは
犬のしつけに詳しい
知人に来てもらう
ことにしました――
大丈夫です
キッ
咬み癖は
早くに
訓練すれば
直せますよ
ほッ

訓練中に
飼い主さんが
側にいると
犬も集中
できませんから…
ズーン
ズーン
ビクッ
ガッ
グイッ
キャン…
ジタバタッ
スルッ
あ……

ガブッ
うわあッ
チャーンプっっ!!
ヤーッ
ウウウ～…
何て
凶暴な犬だ……
もう処分したほうが
いいですよ！

……
……
…チャンプはもう…
咬み犬になってしまったんだ……
もしこの先…
子どもさんを咬んだりしたら…
……
…保健所行きが…一番…チャンプにとって……
……
ぼそっ…
…待ってッ
もう少し待ってよお父さんッ

三浦先生に相談してみる！
カチャッ
——私は犬の交流会で知り合った三浦先生に
ワラをもつかむ思いで電話しました——
……
チャンプは臆病ではないですか？
え？
——見かけは大型犬だけどチャンプの心臓は“蚤”の心臓なのですよ
今までの過程を聞いてくれた三浦先生の言葉に私ははっとしました——

あ……
びくっ
ガタン
びくっ
びくっっ
ガ
バ
びくっ
びくっ
ササッ
ブオ～
ビクッ
ガラッ
ダッ
ダッ
ごめん…
ごめんね…
チャンプ…
ポロポロ…
怖かっただけなんだわ…
咬みつくつもりはなかったんだね……

……気づいてあげられなくて…
ごめんねえ…チャンプ…
わぁぁ…
ぺろん
えっえっ…

三浦先生のアドバイスに従って私とチャンプのリハビリが始まりました——
お散歩帰り♪
カチャ
そ〜っ

落ちついた?
!!
!!
お家に上がるから足を拭こうね
はい
お帰りチャンプ
離れて暮らしていた母親と子どもが
もう一度心を通わすためのリハビリでした
いい曲でしょ〜♡
チャンプどうぞ
そっ
お父さんの声…
ぷっくすくす
気持ちわる〜い

ブォーーーッ
ささっ
大丈夫だよ
怖くないよ
スー…
クー…
くーっ
母親はどんな状況になってもまず子どもを信用します――
私にはそれが欠けていたのです…
そうして徐々にではありましたが…
チャンプは知らない人にも慣れていきました――

1年後
ふれあいDogs
わあ？
大きい
ワンちゃん！
…あのコ
咬んだり
しない…？
おど
おど…
大丈夫よ
チャンプって
呼んであげて
喜ぶわ
ね？
チャンプ
ワン
チャンプー
チャンプー

そして
10年後の
浅田家——
私も
結婚して
子どもができ…
チャンプは
14歳の
おじいちゃんに
なっていました——
ハッ
ハッ
ママぁ
チャンプ
死んじゃうの
……？
……
…一生懸命
生きたから
これから
長い眠りに
つくところ
なのよ…
うう…

犬を
育てることは
犬の心を
知ること――
クゥ～～ン…
人間の子育ても
同じこと――
みんな
チャンプが
教えて
くれたこと
です…
ありがとう
チャンプ…
チャンプは
老衰で
亡くなり
ました――

COLUMN

私たち人間は、よく見かけで判断しがちです。
顔が怖ければ、悪人だと思いこみますし、
貧しい暮らしをしている人を見れば、
心も貧困だと思いこみがちです。

しかし、実際は、どんなに裕福な暮らしをしていても
心の貧しい人もいれば、質素な暮らしをしていても、
深い愛情と豊かな心を持っている人もいます。

犬も同じです。見かけの大きさや犬種の特性では
判断できない個体差が存在します。

見かけだけにとらわれず、
相手の真の言葉をしっかり聞き取れる、
そんな感性が今こそ必要なのではないかと教えられました。

第3話

名無しの犬〜強い絆(きずな)

贅沢(ぜいたく)はいらないんだ。
ただ側(そば)にいるだけで嬉(うれ)しかった。
寒い夜も温かかったよ。

マリ！
そっちはあかんよ
車危ないから
ガー
ブオオオー
私の名前は石原涼子——
カラカラカラ….
カラカラカラ….
リヤカーに犬…
へえ？器用な犬やなあ？
カラカラカラ…..

カラカラカラ….
ワンワンワンワン…
あッ
こらマリ!
すみません
カラカラカラ….
私は将来犬に関わる仕事がしたくて動物専門学校に通っていて…
よその犬を見かけてもついつい気になってしまう性分です——

カラカラカラ……
ガタン
トッ
あれはこの前の……
タッ
カタン
じーっ
どさっ

……
阿吽の呼吸って
あーゆうのかな…
息ぴったり
やんか…
ほー…
カラカラカラ…
その後
何度も
この
リヤカー犬を
見かけることに
なりました
あ…
カラカラ
カラ……
……
なあ
その犬
おっちゃんの
飼い犬？
…ああ
何ていう
名前なん？
この子
……
ない

え…
ない…!?
……
名前
ないって…?
カラカラカラ…

ももぐぐ
じっ
ポイッ

もぐもぐ…
パクパク…
ポーン
この世でたった二人っきり――
(一人と1匹ですが…)
それは………
何だか切ない――
でも温かい…情景でした――

ザ――――ッ
ザ――――ッ
カラカラカラ…
スッ
これ使うて!

パシャ
パシャ
あたしんち
すぐそこ
やから

これ
ありがとうな
カーッ

それから
ちょっとした
おじさんとの
交流（こうりゅう）が始まり
ました――
おっちゃん
隣（となり）座（すわ）っても
いい？

いつから飼うとるの？
子犬の時拾った…
ボソ…
でも何で名前あらへんの？この犬…
……
……離れる時辛くなるから…
ボソ
……
すくっ
たっ
カタン
ぴょん

カラカラカラ……
──他の犬に吠えられても大人しい犬？
そうなんです不安定な段ボールの上にも器用に乗っているし…
普通はトレーニングしないと難しいよね
ずっと一緒に行動していく中で犬が自然に学んでいったんだろうね
私は週に一度静岡から大阪まで犬の講義に来てくれている三浦先生に
リヤカー犬のことを話してみました
犬は…私たちが気づいていない色んな力を持っているんだね

人間と犬との
間に…
あんな
濃密な関係が
存在するのか——
私は初めて
知りました…

おっちゃん
たち…
最近…
見かけなく
なったなあ…

おっちゃんのテントがない――!?
すいませんッ
ここに犬と一緒に住んでいたおっちゃん
どこ行ったか知りませんかっ!?
ああ…あの人なら
亡くなったよ
え……じゃあ犬は…?
犬はどこにッ?
さあ?

さっき
区役所の人間が
来とったから
連れて行ったん
やないか？
ホームレスの人が
亡くなれば
行政の手で
葬られる――
でも
犬は……
離れる時
辛くなる
から…
いつか別れの日が
来ること――
おじさんは
わかっていたの
でしょう…
でも
あの犬のほうは
そんなこと――
あ……
へたっ
しばらくは
あの犬のことを
思うと涙が
止まりません
でした……

マリ！早いよっ
ハッ
ハッ
ハッ
カラカラカラ……
カラカラ
カラ……
カラカラカラ……
!!
あの犬…
おっちゃん!?
だだッ

?
あ…
あの…
この犬…
おっちゃんの
犬？
いや…
段ボール
積んどると
勝手に
乗ってきたん
や…
仕方ないから
それからは
ずーっと
一緒や……
……
そっか……
あんたも
わかってたん
だね…
おじさんとの
暮らしの中で
ちゃんと
伝わってたん
だね……
カラカラカラ……
私は
人と犬とが
暮らすことの
奥深さを
知ったような気が
しました

COLUMN

自分の人生は、自分で選ぶ。
同様に、自分の幸せも自分で選べるのだと思います。
人からどう見られるか、人と比べてどうかで、
自分の幸せは決められません。
他人がどう思おうが、
自分の大切な価値観は自分の中にあるのです。

ホームレスの犬は、見た目には汚く、
とても大事にされているとは思えません。
しかし、美味しい食事もなく、綺麗な首輪もなく、
シャンプーさえしたことがないとしても、
この犬はそれを上回る信頼関係と、
深い愛情を得ていたのではないかと思うのです。

しかも、自分で選んだ自由と幸せを噛みしめながらの
毎日だったと思います。

私たちは、まわりを気にするあまり、
本当の自分の幸せを見つけられないことがあります。
本当の自分、本当の幸せは、自分の中で見つけるしかないと
この犬に教えられた気がします。

第4話 ミッキー～汚名を晴らした犬

とってものんびり屋さんの僕。
「駄犬」って言われても見放さずに
個性を活かしてくれてありがとう。

私が初めて犬を飼ったのは30代になってからです
ラブラドール・レトリバーの女の子でした――
妻
30代の頃の私
ガジガジ
ガジ
ガジ
ミッキー――!!
ガジガジ
ガジ…
ガジ

もーダメよミッキー
やめてね
イスがボロボロに…
ボロッ
てててて…
あーーッ
ガジガジガジ…

ただいまーミッキー？
パタン
…ねえ何か…
臭くない？
…!!
ぷ〜ん
カチャ
ウンチまみれミッキー
トイレシート
きゃーーっっ

こらッ ミッキー！
きょとっ
……
おっ……怒れない……
ボロッ
ボロッ
なんかもーどーでもよくなったわ…
ボロッ
ダダーーッ
♪
ダダーーッ
♪
ボロッ
ボロッ
やんちゃなミッキーに振り回される毎日でした――
ぶん ぶん

ミッキー
グイグイーッ
もっとゆっくり歩いて…
ミッキーってば〜
早いし…あっち行ったりこっち行ったりだし…
ホントに元気いいなーミッキーは
私…この先体力持つか不安だわ…
ぐいぐい
このミッキーを飼ったことで
犬という生き物を
少し理解できたような気がします

数年後――
家具新調した
じーーっ
なぁ ミッキー どこか悪いのかな？
え？
さっきから全然動かない…
ご飯もちゃんと食べてるし 動きたくないだけでしょ？
ミッキー！
ゆーーっくり…
ほら動いた

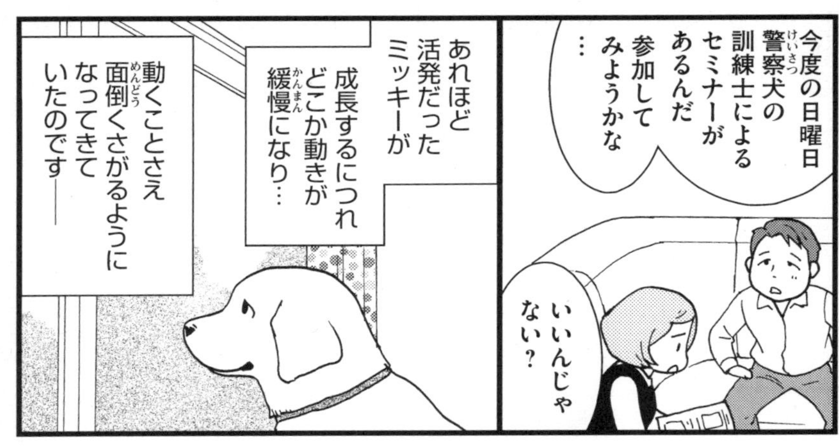
今度の日曜日
警察犬の
訓練士による
セミナーが
あるんだ
参加して
みようかな
…
いいんじゃない？
あれほど
活発だった
ミッキーが
成長するにつれ
どこか動きが
緩慢になり…
動くことさえ
面倒くさがるように
なってきて
いたのです——

セミナー
会場
お座り
ピシィ
おおーーっ
次は
ミッキーの番
だ…
お手
パシィッ
大丈夫
かな…
他の犬は
皆テキパキ
しているけど…
……

次
ミッキー
ミッキーガンバレ〜
じぃ〜っ
お座り！
……
ストン
のろ…
のろのろ…
来い！
ハラハラ…

のたっ…
のそ…
のそっ
……
これは駄犬だな
当時は犬の訓練全盛期の時代――
くすくす
次来い
命令に素早く従う犬が名犬と言われていました
だー
何よそれーッ

〝駄犬〟なんて失礼ねッ!!
ミッキーは動きがスローなだけでしょー!
まぁまぁ…
呼ばれれば来るしお座りだってちゃんとやるんだから〜

そんなある日のことです——
TRRRR
はい
…はぁ
お座りしたら動かないで欲しい？
まぁ確かに家の犬なら動かないと思いますけど…
じゃあ制作会社にミッキーを紹介してもいいですね
くぁ〜
あるブランド会社のポスター撮りに必要なモデルの犬の依頼でした——

カーーーーッ
ザザーーーーン
松井(まつい)と申します
今日はよろしくお願いします

パシャ
OK!
次のカットはモデルに寄り添うミッキーの後ろ姿で
顔だけカメラ目線が欲しいんですけど…
くるっ
ミッキー
くるん

パシャ
いいね
いいね〜
パシャ
パシャ
じっ…
あぁ…
陰ってきた…
すみません
しばらく
そのままで
お願いしまーす
あのう
…
少し休憩
いいですか？
だらだら…
あち〜
ごくごく…
パタパタ…
ミッキーは
大丈夫
ですかね？
動きません
ね…
まぁ
喉が渇いたら
来ると思います
から…
そのまま
じー…

このカットの撮影は1時間半にも及びました
驚いたことにミッキーは
同じ姿勢を取り続けていました——
お疲れさまでした～
おかげさまでいい絵ができました
ミッキーがじっとしててくれたからね
すごいよ～
いや～
本当に素晴らしい犬ですね
動かないことでダメ犬と烙印を押されたミッキーが
その動かないという自らの性格で汚名を晴らしたのでした——
古神寺駅

CHAREES BOUTDAN
Paris
できあがったポスターは
社内の評判が高く
きゃーミッキー
いや～んミッキー
じーん…
全国版とアジア版にも採用されました――

噂を呼んだのか
その後も
ミッキーには
モデルの話が
多く舞い込んで
きました――
カシャ
カシャ
カシャ
いいよ♪
ミッキー
カシャ
よく
トレーニング
された犬
ですね
どこの
プロダクション
所属ですか？
いえ…
私個人の
犬なんです
え～
そうなん
ですか～
…ついでに
言うと
あの子は
ただ動きたくないだけ
でして……
ぐて～っ
えー!?

ミッキーは17歳10カ月で天寿を全うしました――
犬の個性を活かす――
ミッキーが残してくれた大きな教えです――

COLUMN

時に、親は自分の子が思い通りに育たないと
落ち込んだりします。
逆に過大な期待をかけたりもします。
大きな期待や、反対に必要以上の挫折感は、
正しく物を見る目を曇らせます。

どんな人にも、どんな犬にも、
良いところと悪いところはあるものです。

愛するということは、
自分の気持ちを押しつけることではなく、
相手の良いところを探し出し、
見つめ続けることではないかとも思うのです。

真の愛情とは、寛容であり、
時に冷静さが必要なものなのかもしれません。

犬と共に暮らすことで、
私が学んだことのひとつです。

第5話

丈太郎（じょうたろう）〜脱走癖（だっそうへき）のある犬

言うことは聞かなかったけど、
みんなに迷惑（めいわく）はかけなかったよ。
自由にさせてくれてうれしかった。

あッ
ワンちゃん！
!!
!!
はあ
はあ
あッ
だっ
!!
!!
!!
!!
私が
丈太郎と
暮らした歳月は
かけがえのない
時間でした――

17年前
三木動物病院
…はい
三木動物病院です
ええ…
そうですか…
わかりました
うちでも
できる限り
ご協力します
先生
保護センター
やっぱり
閉鎖が決まったんだそうです
犬たちは
どうなると？
里親さんを
見つけて
譲渡されると
山本さんも1匹
どうね？
うちは
年寄りやけ
タローを
看取ったら
もう犬は
飼わん…
……
里親募集
ボクの
家族に
なって！

私たちの住む島でボランティア団体が運営していた保護犬収容センターが閉鎖となり
私もそこから小型犬を譲渡してもらうことに決めました――
おかげさまで全国から申し出がありまして
後10頭ほどが里親待ちです
希望しているのは小型犬なんですが…
一人暮らしなもので…
いますよちょうどいいのが1匹
チワワ系のミックスですが
ほらあっちの奥にいる子…
おーい
今連れて来ますね…

じっ
てててて…
推定1歳のセッター系のミックスの男の子です
大型犬なんでなかなか里親が見つからなくて…
スリスリ
…私この子にします
え…!?
私も丈太郎もひと目惚れでした——

隣のおじさんが急遽作ってくれたんよ♡
今日からよろしくね
丈太郎♡
愛ちゃん
いい犬やないね～
となりのおじさんよ
お座り！
お手！
ササッ
ササッ
おお～いい子やないね～

おはよう
ジョー
ハッ
ハッ
ハッ
待て!
……
じっ
タラ
タラ…
よし!
がばっ
はや…
ガツガツ
ガツガツ
そんなに
あわてて
食べなくて
も……
だれも
とらないよ
くすくす
ガツガツ
カンカン
カンカン
カンカン…
カン
カン
カン

おはようございます
その子ね保護センターから引き取った犬は
!!
!!
立派な犬やねえ
あんた一人で大変やないね？散歩させるの
大丈夫です
結構私のこと気遣ってくれるみた……
チャチャ…
グいっ
ダッ

あ…待って……!
止まって……
止まってよ〜〜
ジョ———!
だ———っ
丈太郎は手のかからない犬でしたが…
コラ——ッ
止まれ〜〜
ジョ〜〜っ
鳥を見ると我を忘れて追いかけて行く…鳥猟専用の猟犬であるセッターの血には抗えなかったようです——
三木動物病院
牧村さんキレイになったね
恋人できたみたいやね
あんたたち島の有名人になっとうよ
あれは犬を散歩させよるんやない…犬に散歩されようって
どっ
〜〜
ハハハハハ…
気づくと島で人気者(?)になっていました…

ただいま～
ハッ
ブリブリ
ハッ
あ～
疲れたぁ
……
へた
ん？
クゥ～ン
大丈夫よ
さて…
ご飯にしよっか
ポーーーン。。
ほら
ジョーー
ダッ

…だっ
ドッ
こけっ
ダダーーッ
クゥ〜ン…
いてて…
心配してくれたの？
ペロペロ
ありがとね丈太郎
犬との暮らしがこんなにも日常に潤いをもたらしてくれるとは思ってもみませんでした——
ただいまー
そんなある日のこと——

丈太郎？
？
!!
あ…
丈太郎——!!
ハァハァ
ハァ…
もう
どこ行っちゃたの…？
丈太郎…
きっと
鳥を追いかけて
行ったんだわ…
ジョ～～～ッ

すみません
先生
明日 休ませて
くださいッ
ガ――ッ
迷子犬
探してます！
……
プルルルル
まさか…
事故にでも…!?
ぎくっ
お宅の犬
山のほうに走って
行くのを見たよー
目撃情報の
電話は何本も
かかって
きましたが
丈太郎は
3日間
戻って来ません
でした――

もう…
丈太郎のバカ
……
どこで
何やってんのよ…
そして
4日目
早朝――
カンカンカンカン
カン…
カン
カン…
ぱちっ
だだッ
ガラッ
ガッガッ
カンカン
カン…
ジョー…
カンカン…
チラッ
ガッガッ

丈太郎〜〜〜〜ッ!!
どこ行ってたのよ あんたは もう〜〜ッッ
あっ?
ケガしてないか… お腹すいてないか…
ポロッ
あれこれ心配しちゃったじゃないっ…
ホントにもう…
ぎゅっ
こんなに汚れて……
無事で良かったぁ〜
丈太郎がかけがえのない存在になっていたことを
実感した瞬間でした
このことがあって以来…
ペロペロ

丈太郎を家の中で飼うことにしました――
が…
でかっ
愛ちゃん煮物多めに作ったんやけど食べる？
おとなりのおばさん
ガラッ
びゅん
あ〜〜〜ッ
今…何か…通った？
ぴゅーーーん…
♪
丈太郎〜〜〜ッッ
丈太郎の脱走癖はおさまりませんでした
ピチチチチ…
ハッ
ハッ
ハッ
ぐい
ーん
ズズズーーーッ
もう…仕方ないわ…

あれ？
今の…
ピチチ…
ダダダーッ
タタターッ
愛ちゃん
丈太郎に
似た犬が
鳥追っかけ
とったよ？
山で…
海で…
みたよ〜
あちこちで…
目撃談!!
ははは…
いいんです…
もう
好きに
させることに
したんですよ
……

自由に
思う存分に
鳥を
追いかける
カンカンカンカン…
それが
丈太郎の
幸せならば
……
ガラッ
カンカン…
お帰り
丈太郎！
楽しかった？
ワンッ
ワンッ

それが……
10年後――
よたよた…
あ…
チチチ…
鳥さんだよ
ジョー
ヨタヨタ…
ハッ
ハッ
フーーッ
チラッ
……
後少しで家だから…
ガンバレ…ジョー
よたよた…
犬はなぜ年を取るのが早いのでしょうか…
そのうち散歩にすら行きたがらなくなっていったのです…

数年後——
私は結婚し
丈太郎は17歳10カ月になっていました——
フ——ッ
いつの間にか丈太郎に年を越されてしまったね…
この数日は食べ物も受けつけない状態でした…
チュン
チュン…
じっ…
ぱちっ
ジョー……
……逝ってしまうのね…

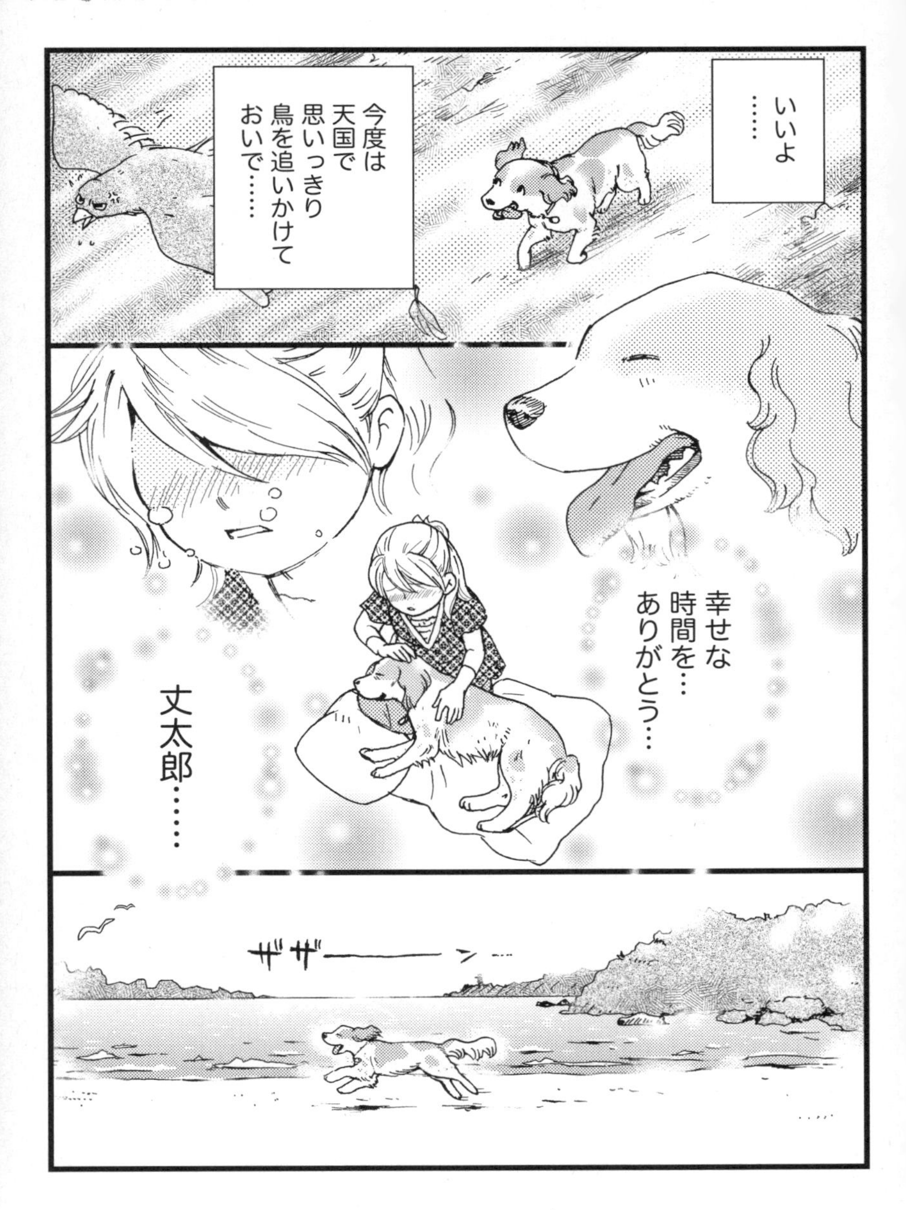
いいよ……
今度は天国で思いっきり鳥を追いかけておいで……
幸せな時間を…ありがとう…
丈太郎……
ザザーーーーン…

COLUMN

丈太郎は決して、名犬ではありませんでした。
呼んでも帰って来ませんし、
オスワリやマテも上手には出来ませんでした。
町を歩いていても、「いい子」と呼ばれたことはありません。

その丈太郎が家を出て、何日も野山をほっつき歩いていたにも
関わらず、不思議と島の誰もが丈太郎を
嫌いにはならなかったのです。

ひとつの原因は、丈太郎は言うことはあまり
聞きませんでしたが、人に迷惑はかけていなかったのです。
それが嫌われなかった原因かもしれません。

しかし、私はそれだけではないと思うのです。
丈太郎自身が人を引き付ける何かを
持っていたのではないかと思うのです。
現代人は理屈を正してから、行動することが多いのですが、
きっと私たちの本能の中に、昔の人のような自由な天真爛漫さを
求める心が残っていて、それが私たちを刺激しているのでは
ないかと思えるのです。

もしかすると、丈太郎の日々や、丈太郎の生き方そのものが、
私たちの夢であったのかもしれません。

ラブ～犬と歩けば

毎日散歩が待ち遠しいんだ。
一緒（いっしょ）に過ごせる最高の時間。
いつも一緒がいいね。

お父さん
私言ってたように明日から旅行だから
フラダンスの仲間と…
……聞いてます？
……
……春美はまだか？
……
明日は早いから先に休みますよ
カチャ…
ただいま
そ〜
仕事一筋だった父が引退してから
今までのリズムが崩れたのか…
我が家にはギスギスした空気が流れていました—
遅いぞッ
ギロ
びゅん
ひょい
ただいまー

……
ブツブツ
この子が来てから
家族の会話が増えました
……
……
犬でも飼うか……
ぼそ…

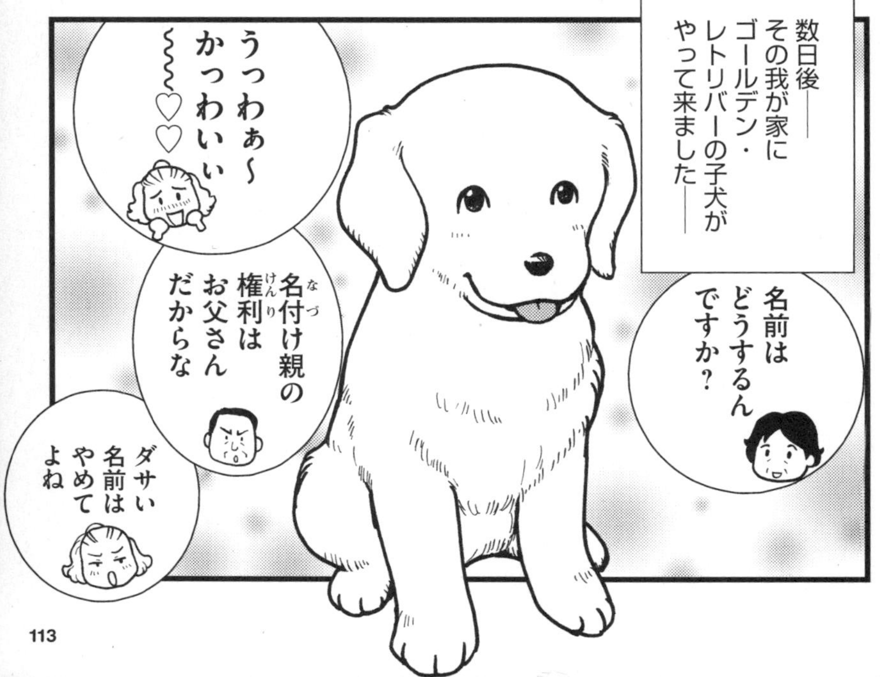
数日後——
その我が家にゴールデン・レトリバーの子犬がやって来ました——
うっわぁ～かっわいいぃ～♡♡
名前はどうするんですか？
名付け親の権利はお父さんだからな
ダサい名前はやめてよね

"ラブ"はどうだ？
ペットショップで見た時から決めてたんだ
……
いいんじゃないですか
散歩の係はお父さんに任せましたよ
この子かなり大きくなるんでしょ
ラブちゃぁ～ん♡
よろしくねぇ～私がお姉ちゃんよぉ～～～♡
ぎゅ～っ
おいおいずいぶん年食ったお姉さんだなー
お父さんひど～い
あはははは…
たった1匹の子犬の出現で穏やかな雰囲気が戻ってきたのは驚きでした——

そしてお散歩デビュー
引退した父にとって
このラブとの散歩は新たに見つけた仕事でした
さあ行くぞラブ
Map

今日はこっちのコースだ
♪ ぐいっ
あっ
グクーーッ
勝手に行くなっ!!
落ちてる物を食ってはいかん!
ハグハグ…
はなせこらッ
……
ぺこっ
ラブッ
ガサササッ
おまえは道草ばかりしおって…
無駄な時間ばかり使わせおって

チャプ
チャプ…
こいつはすぐに寄り道をしたがる…
子どもと一緒でこちらの思うとおりにはなりませんよ

日曜日——
お父さん私も一緒に散歩に行っていい？
それならおまえに任せる
ほれ
ビクッ
ダメよお散歩コース知らないんだから
ピターーッ
どうしたのラブ？
お散歩だよ？

行こうよ お散歩
ね？
よいしょっ
ラブ 運動しないと メタボに なるぞっ
ぐいっ
ググー！ッ
ガブッ
痛ッ
こらッ ラブーーッ
早く来い ラブッ
ズルズル…
…ラブ お散歩 嫌いなんだ…
犬ってみんな 大好きなんだと 思ってたわ…
ビタッ
こらッ おまえのために 散歩してるん だぞっ

お父さん叱ってばかりじゃ…ラブもかわいそうじゃない？
気が向いた時だけ散歩する者に何がわかるかッ！
ズッズ
……
ズズズッ…
イヤイヤ…
結局ラブの散歩嫌いは直らず…
父は犬関連の活動をやられている三浦さんに相談することにしました——

——今日この子の散歩に同行して感じたんですけど…
カジカジ…
松原さんラブとの散歩…
まるで仕事をしてるようでしたね

……
その気持ちが伝染したのか ラブも暗い表情でしたよ
三浦先生 ラブを散歩好きにさせるにはどうしたらいいでしょう?
飼い主さんが犬との散歩を楽しむことです

三浦さんのアドバイスは単純なことでした——
アハハ…
そろそろお散歩行こっか
カチャ
ラブこんな所にお地蔵さんがあったのね

あ…
いい香り…
くんくん…
これ沈丁花（じんちょうげ）よラブ
クンクン…
会社が休みの週末は
私がラブの散歩係になりました——
ラブもだんだんと散歩を嫌（いや）がらないようになったのですが…
父の性格（せいかく）を変えることは難（むずか）しいようで
相変わらずラブは…
しぶしぶ…

ぐいぐい
そっちは家だぞ
ぐい～～っ
公園はあっちだろう
…おはようございます
くすくす…
お向かいの高尾でございます
奥様にはお世話になっております
いくぞッ…
ウウ～～ッ
はぁ…

ガチャ
え？もう帰って来たの？
バタン
出かけたばかりじゃないの

こいつが家に帰りたがるんだ…
そう言えばお向かいの高尾さん
コーギー飼ってたんだな…
今さら何言ってるんですか…
何年も住んでいるのに…
もーっ
……
フーッ
父との散歩は10分も持たなかったのでした――
でも週末になると…
ぶんぶん
ズルズル…
お散歩用リード
もぐもぐ

ごちそうさまー
お待たせ！
行こっかラブ♪
ガタッ
ラブは自ら散歩をねだってくるようになったのです――
バタン
……
へぇ～こんな路地残ってたんだ……
ワン
ニャー
あ…子猫…

すごいね
ラブ
よく
見つけたね
家から
歩いて行ける
距離(きょり)に
あったのね
この公園
……
フーッ
気持ち
いいねぇ
ラブ〜
ハッ
ハッ
犬との散歩が
こんなに
楽しいものだとは
思いません
でした——

春美！
5時間も
どこに行ってたの？
連絡くらい
しなさいよ
何かあったのかと
心配してたのよ
え!?
フキフキ…
そんなに
時間たってたの!?
気づかな
かったねぇ〜
ラブ〜
パシャ
パシャ
ハッ
ハッ
ハッ
え？
もう？

まってます…
じっ
ワサワサ…
父には申し訳ないけれど…
ムスッ
パタパタ…
はいはいお待たせ〜
自分が必要とされてる喜びを…
犬を飼って初めて知ったのです——

COLUMN

私たちは時に「あ～あ、また散歩に行かなくちゃ」と、
まるで義務感のように出かけることがよくあります。
犬にとって大事な日課とは分かってはいるのですが、
忙しい時や、疲れている時には、ややおっくうにもなります。

しかし、犬にとって散歩は、
待ちに待った最高のひとときなのです。
朝の散歩が終わり、食事をした直後から、
夕方の散歩を楽しみにしているかもしれません。

一番幸せな時間は、一番好きな人と分かち合いたいものです。

私たちが義務のように感じている時でも、
愛犬はいつでも最高の瞬間を、最愛の人と過ごしたいと
願っているはずです。

そう思うと、日々の愛犬との散歩は適度な運動ではなく、
愛し合い、語り合う、大切な時間なのかもしれません。

チビ〜本当の気持ち

みんなに怖がられていたけど、
僕は本当は甘えたかったんだ。
大好きな気持ちを伝えたかっただけなんだよ。

ポーーン
チビーー
ダダッ
パクッ
よーし
いい子だ
いい子だ
ウウウ〜
私の気づきが
遅(おそ)ければ
チビに大きな
傷痕(きずあと)を残して
しまうところ
でした――
ダーーッ
それ〜
私は 犬の心が
わからない飼い主(かいぬし)
だったのです――

まあ
かわいい
らしい♡
子どものいない
私たちにとって
チビは我が子
同然でした
はい
どうぞ
ウウウ
ウウ〜
この子
ご飯を
食べる時
いつも
唸ってる
のよ
ハハハ…
誰かに
盗られまい
とでもしてる
のかな？
ウ〜

かわいい〜♡
ちやほや
ただいまー
スキンシップ!
私たちの生活にチビはなくてはならない存在になっていました

チビ～
ゴハンよー
ウ～！
きゃッ
ガウガウガウ～ッ
どうしたんだ？
この子…急に歯をむいて…
ウウ～～
ああ…この頃そういう顔をすることが多くなってるんだ
バクバクッ

柴ですか？
ハッ
ハッ
ハッ
お名前は？
チビって言うんです
もう大きいですけどね
そっ
ウウ〜ッ
チビちゃ…
あっ…
ウウ〜〜ッ
あ…すみません
じりっ
咬んだりはしませんからこの子…
……
ウウ〜
…

咬んだりはしませんから……
——と言いながらも
チビの形相に不安を覚えていく自分がいました——
ウウ〜

ほらチビゴハンだぞ
コト
ウウウ〜
……
ク〜
ピシャン

ジー……
ジジジジ……
ジ……
ピクッ
ただいま
チビ
ウ〜〜
ガチャ
パタン
クウ〜〜ン

クゥ～～ン…
チビの世話はするものの…
私は次第にチビとのスキンシップを避けるようになりました――
ねぇ…あのコ段々にひどくなってない？

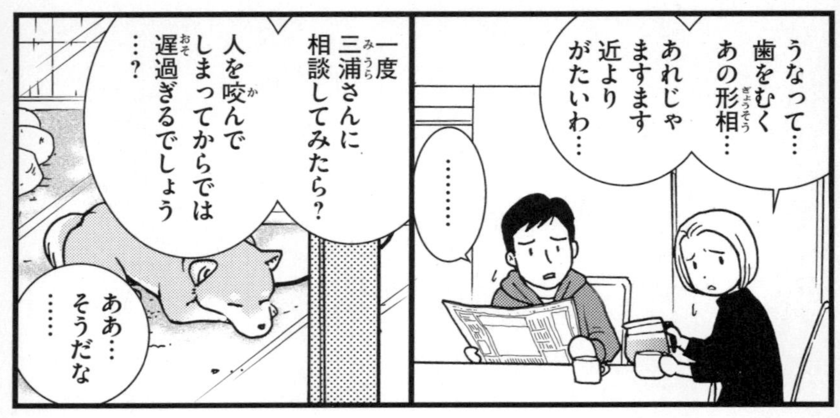
うなって…
歯をむく
あの形相…
あれじゃ
ますます
近より
がたいわ…
………
一度
三浦さんに
相談してみたら？
人を咬んで
しまってからでは
遅過ぎるでしょう
…？
ああ…
そうだな
……

——私は
知り合いで
犬のしつけ教室を
全国で開催している
三浦氏に
チビを
見てもらうことに
しました——
ウ〜…
今まで
一度も
咬んだことは
ないんだ……
どれどれ…
ウ〜…!!
ウウ〜…
なるほど…
これは
すごいな
……

……
ウゥ〜…
フリフリ…
……
パサ
パサッ
ウ〜…
ねえ
吉原(よしはら)さん
このコの
顔…
甘えたい時に
出てしまう
癖(くせ)じゃない？
ウウ〜
え!?
この顔が…
癖…!?
ウウ〜

ほら…全然大丈夫だよ…
ガシガシ
ウウ〜
うなってても怒ってるわけじゃなさそうだよ？
……
そ〜っ
ウウ〜
ウウ〜

チビ!
そうだったのか……!!
ウウウ〜…
ごめん…ごめんな…
寂しかったよな…
チビ…
ウ〜…
許してくれ…
甘えたくてますますあの形相になっていたとは…
私はチビの心がやっとわかったのです
—

それからの
私たちは
いつも一緒でした――
あの空白の
1年分を
埋めるかのように
どこへでも
連れて行き
ました――
キレイ
だね
チビ
ウウ～ッ

びくっ
ウ〜〜
大丈夫ですよ
なっ
チビ
嬉しい時に見せる
この子の癖ですから…
ウ〜〜
パタ
パタパタ
ウ〜〜

17年後――
チビは17歳になりました
眠っていることが多くなり
いつ逝ってもおかしくない年です
ウ～…
何だ？チビ…
チビが甘えたいって…
呼んでるわよ

よし よし…
ずっと一緒にいるからな…
この年になっても
犬のチビに多くのことを教えられています
外見で判断しない——
それもチビから学んだひとつです…

COLUMN

世の中には、いろいろな人がいます。
万人受けする人もいれば、なかなか好かれにくい人もいます。
器用になんでもすぐにこなせる人もいれば、
不器用な人もいます。
はっきりと自己主張できる人もいれば、
思うように自分を表現できない人もいます。

公園でよく手入れされた花壇に咲く花は誰もが綺麗と言います。
しかし、河原の片隅でひっそりと咲いた雑草の花を
褒める人は少ないものです。

誰かに自分の良いところを見つけてもらえた人は幸せです。

素直に喜びを表現するのが下手な人は
誤解も受けやすいでしょう。
しかし、長くつき合っていけば、その人が不器用なだけで、
真面目で信頼に値する人だということが
わかってくるかもしれません。

一瞬、腰が引けほどの凶暴な顔つきのチビですが、
眼やしっぽで飼い主さんに「信頼の証」のサインを
送り続けていたのです。

第8話

迷い犬～母の祈り

私のことを思ってくれて、そして、
子どもの命を救ってくれて
ありがとう。

チーン
お父ちゃん 今年のお盆は 3人とも 帰れんのやて
東京モンは 忙し過ぎる なあ…
どっこいしょ…
ほな お父ちゃんの畑を 守りに行って 来るわ…
ガラッ
太郎
今日も お天道様の ご機嫌が いいねえ～

畑仕事が
杉原種子(すぎはらたねこ)さん(78歳(さい))の
日課でした――
そろそろ
お昼に
しよう
かねえ…
もぐ
もぐ…

太郎(たろう)!?
…そんなわけないいか…
あんたどこの子?
迷(まよ)い犬か?
ごくっ…
ああ…あんた腹減(はらへ)ってるんやね?
じっ…
ポン…
コロコロコロ….
ガツガツ

すまんねえ…
今日のマンマはこんだけやの
種子さんは最近
唯一(ゆいいつ)の話し相手だった愛犬を亡(な)くしたばかりでした――
はようお帰り～
ガサッ
あ…あったわあったわ！太郎のエサの残り！
Dog food
……

おや
おや…
昼時がようわかって
頭のいいワンコさんやねえ…
ほら
太郎の残したモンですまんけど…
ガッガッ
家族が心配しとるやないの？
どこのワンコさんなんかねえ

ザーーッ
ガサッ

……………
いつまで
畑仕事が
できるやろう
かねえ…
ふう〜っ
トントン
ガッガッ
ペロ…

どッ
あっ
…たあ
ワ〜ン…
あんた…
婆ちゃんを心配してくれたん？

ありがとう
ねえ
ワンコさん
7月
……
今日で
もう1週間
見かけん…
どうしたん
やろうねえ
ワンコさん…
家に戻(もど)れたん
やったら
いいんやけど…

あ！
あんた！良かった！
どこ行っとったん？心配しとったんよ
ちょっと待っとてや
ほら
コトッ
…どうしたん？
あんた… どっか具合悪いんの？
そう言えばヤツれてるなあ………

タッ
何ね？
呼んでるん？
たたたっ
ハァ
ハァ…
ガサ
ガサ
どこまで行くかね？
クーン
ザッ
？
ハァ
ハァ…

!!
キュ〜
キュ〜
あんた…それで姿が見えんやったんやね
キュ〜
ブル ブル…
あかん弱っとるなあ
婆さんやから心配か？
これでも3人の子を育てたベテラン母ちゃんや
まかせとき！
ザッ

あんたも
腹減ってるやろ？
ついておいで
ク〜ン…
もう
動けんのか？
わかった
後でマンマ持って来てやるから
待っとってや！
ガンバレ〜
がんばれ
がんばれ
キュ〜
キュ〜…

チュバ…
チュバ
スヤスヤ…
フー…
あんたらのお母ちゃんの様子見に行って来るから
ワンコさーん
マンマ持って来たよ〜
……
シーン…

翌日(よくじつ)——
……

ザリ
……ワンコさん…
れっ…
…………
ポロリ…
人も犬も…
母親はみんな同じやねえ…

1カ月後――
りっぱな母犬の墓
りっぱな母犬の墓
ここが二郎と三郎のお母ちゃんのお墓や…
クーン
よた…
よた…
クーン…
お母ちゃんに命がけで救ってもらったこと
覚えとくんやで…
年寄りのお母ちゃんやけど…
あんたの子ども確かに預かったで…

COLUMN

我(わ)が子を思う親の愛は、人も動物も一緒(いっしょ)です。

もしかすると命に対して正面から向き合っている分だけ、
動物のほうがより純粋(じゅんすい)な愛情(あいじょう)を持っているのかもしれません。
自分に子を育てるだけの体力がないと知った時に、
果たして親はどんな行動を取るのでしょうか。

この章の母犬は、自分を大切にしてくれていたと思われる
老婆(ろうば)に我(わ)が子の未来を預(あず)けました。
母親として、苦渋(くじゅう)の選択(せんたく)だったかもしれませんし、
残された最後の道だったのかもしれません。

母犬が「親子の愛」というものを
改めて見直させてくれた出来事(できごと)でした。

ＮＰＯ法人
ワンワンパーティクラブ活動情報

平成６年、日本で最初の愛犬家の交流会「ワンワンパーティ」を発案、
「いつでも、どこでも、犬と一緒」を合い言葉に、
どんな犬でも参加できる楽しいドッグイベントを全国各地で開催しました。
これがドッグイベントという言葉の起源となっています。
その後、平成１３年にＮＰＯとなりました。
これまでにワンワンパーティを300回近く開催しています。
現在では、愛犬との暮らし方教室やマナー教室、
各種セミナーの他、千葉県の幕張メッセにて
２万人の愛犬家を動員する大型イベント「しっぽフェスタ」などの
企画・運営も実施しています。
阪神・淡路大震災や新潟県中越地震の際のボランティア活動を機に、
東日本大震災では被災者の愛犬の一時お預かり活動を実施、
その活動は４００件を超えています。
平成２２年より、保護犬の譲渡推進活動も実施しています。
その飼育指導や町づくりの先進的な指導方法や経験は、
高く評価されており、国や都道府県、各市町村や大手新聞社主催の
講演や職員指導なども多数行っています。

URL http://www.wanwan.org/

おわりに

お読みいただき、ありがとうございました。いかがでしたでしょうか。
人と犬の名前はあえて変えておりますが、本書のお話は実話です。
人間側からすれば、犬の行動を問題だと悩んだり、しつけがうまくいかないと落ち込んで怒ったりしますが、犬側からすれば、ごく当たり前の普通のことなのかもしれません。

犬は、本来優しい思いやりの強い動物です。いつからか、猛獣のように扱われてきましたが、それは古い時代の人間が作り上げた虚像です。本当は、私たち人間よりも心優しく、愛情深い動物です。特に、家族に対する愛情はとても深く、時には命をかけても守ろうとします。

近年、犬と真の家族になりたいと思う人が増えていますが、犬たちはずっと昔から、私たち人間と家族になりたいと思っていたのかもしれません。それに気づかず、命令と服従だけのつきあい方をしていたのは、人間のほうだったのです。

人に個性があるように、それぞれの犬にも個性や、犬ならではの癖があります。もちろん、感情の表現方法も、長所も短所もまちまちです。

そのことに気づいた時、私たちは愛犬の本当の気持ちを知ることができます。犬のほうも飼い主さんが自分の心を理解してくれたと知ると、それまで以上の信頼を寄せてきます。

「犬との暮らし」とはしつけ方ではなく、心の通わせ方なのです。そして、言葉を発することがない犬の心を理解できるようになった飼い主さんは、実は上手に心を表現できない子どもや老人の心も感じることができます。

犬の心を知る最大のメリットは、愛犬との暮らしが幸せになるだけでなく、私たちの心も成長させてくれることです。隣人の心を感じ、優しい包容力のある人間に成長させてくれるのです。

多くの人が犬を通して成長できます。優しい心の人が増えれば、優しい街が生まれ、優しい国になり、優しい地球になっていくのです。

その第一歩として、最も人間に近い犬という動物の心を知ってみてはいかがでしょうか。

心があったかくなる
犬と飼い主の8つの物語

発行日　2016年4月5日　第1刷

原作	三浦健太
漫画	中野きゆ美
デザイン	五味朋代（フレーズ）
編集協力	清末弓乃（オフィスYUMINO）
校正	泊久代
編集担当	小林英史、舘瑞恵
営業担当	石井耕平
営業	丸山敏生、増尾友裕、熊切絵理、菊池えりか、伊藤玲奈、綱脇愛、櫻井恵子、吉村寿美子、田邊曜子、矢橋寛子、大村かおり、高垣真美、高垣知子、柏原由美、菊山清佳、大原桂子、矢部愛、寺内未来子
プロモーション	山田美恵、浦野稚加
編集	柿内尚文、杉浦博道、栗田亘、澤原昇、辺土名悟
編集総務	鵜飼美南子、高山紗耶子、高橋美幸
メディア開発	中原昌志、池田剛
講演事業	斎藤和佳、高間裕子
マネジメント	坂下毅
発行人	高橋克佳

発行所　株式会社アスコム

〒105-0002
東京都港区愛宕1-1-11　虎ノ門八東ビル
編集部　TEL：03-5425-6627
営業部　TEL：03-5425-6626　FAX：03-5425-6770

印刷・製本　中央精版印刷株式会社

Printed in Japan ISBN 978-4-7762-0904-1

本書は、2013年8月に弊社より刊行された
「コミックエッセイ 犬が教えてくれたこと」を改題し、再編集したものです。